Vartika Singh

Vulnerabilidade geológica de Khetri Jodhpur e Nakora Rajasthan Índia

Vartika Singh

Vulnerabilidade geológica de Khetri Jodhpur e Nakora Rajasthan Índia

Imprint

Any brand names and product names mentioned in this book are subject to trademark, brand or patent protection and are trademarks or registered trademarks of their respective holders. The use of brand names, product names, common names, trade names, product descriptions etc. even without a particular marking in this work is in no way to be construed to mean that such names may be regarded as unrestricted in respect of trademark and brand protection legislation and could thus be used by anyone.

Cover image: www.ingimage.com

This book is a translation from the original published under ISBN 978-613-9-84488-3.

Publisher:
Sciencia Scripts
is a trademark of
Dodo Books Indian Ocean Ltd. and OmniScriptum S.R.L publishing group

120 High Road, East Finchley, London, N2 9ED, United Kingdom
Str. Armeneasca 28/1, office 1, Chisinau MD-2012, Republic of Moldova, Europe
Printed at: see last page
ISBN: 978-620-5-47783-0

CONTEÚDO

No tempo anterior, o Estado de Rajasthan é conhecido como Rajputana e surgiu a 30 de Março de 1949. Cobria 3,42,239 km2 e ocupava 10,74% do território indiano. É também o maior Estado da Índia. O Estado do Rajasthan está localizado a 23o03'-30o12'N e 69o29'-78o17'E. Está confinado a oeste e noroeste pelo Paquistão, a norte e nordeste por Haryana e Uttar Pradesh e a sul-sudeste e sudoeste por Madhya Pradesh e os Estados de Gujarat respectivamente. O estado é coberto pelo deserto de Thar na direcção Noroeste e cobre 32% da área total. A cordilheira de Aravalli estende-se desde Deli, no nordeste, até às planícies do norte de Gujarat, no sudoeste, e a fisiografia divide o Estado em duas partes desiguais. A área a leste das colinas cobertas pelas planícies orientais e pelo planalto de Vindhyan. Na presente visita geológica, explorámos vários locais geológicos fascinantes que incluem o complexo de cobre de Khetri, HCL, Khertinagar, onde visitámos a mina subterrânea e estudámos as operações da mina, os corpos de minério de cobre e a Geologia desta área que se encontra sob o supergrupo de Delhi.

Depois visitámos a cidade de Jodhpur, onde estudámos a Suite Ígnea Malani (M.I.S) da Era Neo-Proterozóica e o supergrupo de Marwar da Era Paleozóica. Investigámos também a maior província bimodal vulcânica bimodal da Índia (M.I.S), as suas formações, litologia, diferentes tipos de rochas e a secção do Forte Mehrangarh em Jodhpur, que expõe o melhor contacto da Suite Malani de Jodhpur. Esta ligação erosiva é entre a suite ígnea mais jovem subjacente de rochas da idade pré-cambriana e a sequência sedimentar mais antiga do Cambriano à idade Eocénica. O seu significado geológico levou à sua declaração como Monumento Geológico Nacional.

O destino final da viagem de campo foi a área de Nakora situada no distrito de Barmer; o Rajastão Ocidental é uma parte do Malani Igneous Suite (M.I.S) que se estende por uma área de 51.000 km2 no escudo indiano NW localizado a cerca de 110 km em direcção ao sudoeste da cidade de Jodhpur.

O presente estudo foi maioritariamente categorizado em três capítulos que compreendem o estudo da localização geológica do campo e as secções são nomeadamente como:-

Capítulo 1:- Complexo de cobre de Khetri, Khetri, Distrito Jhunjhunu, Rajasthan.

Capítulo 2:- Área de Jodhpur, cidade de Jodhpur, Rajasthan.

Capítulo 3: - Área Nakora, distrito de Barmer, Rajasthan.

Este estudo geológico cobriu uma vasta área Rajasthan tanto geológica como geológica - cronologicamente e ajudou-nos a melhorar os nossos conhecimentos neste excelente ramo da ciência, ou seja, a Geologia. Durante a viagem de campo, exploramos as estruturas geológicas e anotamos a informação sobre a estrutura e também anotamos a direcção lat/long, dip-strike, slope e dip. Depois de recolher todas estas informações do campo, traçamos esta informação no papel e desenhamos o mapa geológico da área. Observamos também as estruturas geológicas como dobra, falha, fendas, juntas, respiradouro vulcânico e lago vulcânico no seu habitat natural. Na visita de campo exploramos muitas coisas novas que não estão disponíveis nos livros. Este tipo de exploração ajuda a actualizar o conhecimento e a realidade sobre a verdade do terreno.

A seguir é dada uma Estratigrafia generalizada do cratão de Aravalli, que mostra a área coberta durante esta viagem de campo geochronológica.

Marwar Supergroup		550 – 500 Ma
Upper Vindhyan Supergroup		~700 – 600 Ma
(Jodhpur Sandstone)		
Malani Igneous Suite	Siwana, Jalor, Tusham,	732 Ma
Jhunjhunu (India), Kirana		
	Hills (Pakistan)	
Erinpura Granite	900 Ma	
Delhi Supergroup		1600 – 900 Ma
--Unconformity--		
AravalliSupergroup		2200 – 1800 Ma
--Unconformity--		
BhilwaraSupergroup		2900 – 2600 Ma
Mewar Gneiss		3300 – 3000 Ma

Tabela: 1 Tectono-Estratigrafia Generalizada Precambriana de Aravalli Craton, Índia
(ref: - Stratigraphy after Roy, 1988; Radiometric ages after Crawford, 1970; Crawford and Compston, 1970; Davis and Crawford, 1971; Gopalan and Choudhry, 1984; Kochhar et al., 1985; Dhar et al., 1996; Gregory et al., 2008; Ramakrishnan and Vaidyanadhan, 2008)

CAPÍTULO 1

HINDUSTÃO COBRE LIMITED-KHETRI

Introdução:

Khetri situado no sopé da Serra de Aravalli, que acolhe a mineralização do cobre, dando origem a uma província metalogenética de 80 km de comprimento desde Singhana no norte até Raghunathgarh no sul, popularmente conhecida como Cinturão de Cobre de Khetri.

O cinto é composto por metaseases proterozóicos firmemente dobrados que repousam sobre os gneisses do porão e faz parte da cintura dobrada de Deli Norte. Depósitos proeminentes do cinto são Khetri, Kolihan, Banwas, Chandmari, DhaniBasri, Baniwali Ki Dhani (NeemKa Thana, Rajasthan). Outros depósitos são Dholamala, Akwali, Muradpura - Pacheri (Jhunjhunu, Rajasthan), e Devtalai (Bhilwara, Rajasthan).

Situa-se entre 28° 03'46" e 28° 05'50" N latitudes e 75° 48'44" e 75° 49'53" E longitudes. A área constitui uma parte do extremo norte da cordilheira de Aravali. Há três cordilheiras de ataque NE-SW separadas por planícies arenosas dentro do limite do arrendamento. Em direcção ao oeste, cai a colina oriental da cordilheira de Makro Hill. A cordilheira central contém mineralização de cobre e separada pelo vale de Kharkhara das colinas de Makro. No lado mais a leste, existe uma colina de quartzito magnetite de altura/elevação moderada separada pelo vale, onde se encontram diferentes plantas, armazéns, edifício administrativo, etc. As encostas das colinas são muito íngremes, com uma pequena cobertura de solo. Enquanto a parte sul do Khetri ML é um terreno montanhoso, a parte norte é uma área de planície coberta de solo. O ponto mais alto da área é 555 metros acima do nível médio do mar e o nível do vale é cerca de 350 metros acima do nível médio do mar.

A área localizada no Toposheet no.44 P/16 do Survey of India na escala de 1:50000 (1 cm = 1/2 Km). Existem dois nallas sazonais, nomeadamente Kharkhara no oeste e Sukhnadi no lado oriental do KCC. O fluxo natural de água no sistema de drenagem desta área tem uma tendência para NE. As aldeias de Khetri Nagar e Gothra estão localizadas a leste da fronteira do arrendamento e as aldeias de Singhana e Kharkhara a nordeste e sudoeste da fronteira do arrendamento, respectivamente.

O clima geral de Khetrinagar pode descrever como "extremo". Khetri localizado na região árida do Rajastão ocidental e muito vulnerável a condições climatéricas excitantes na comparação de outras regiões áridas do país. Na estação do Verão é muito quente e no Inverno é demasiado frio. Na estação das monções, que é controlada pelas monções do sudoeste, encontramos uma precipitação muito fraca. Na época das colheitas de Verão de Maio de Junho encontramos 480 de temperatura, pelo que a taxa de evapotranspiração é bastante elevada. A taxa média de evapotranspiração da área é de 1819 mm e a percepção média é de 480 mm no mês de Maio de Junho.

	Temperatura máxima	Temperatura Mínima
Verão	48°C	30°C
Inverno	18°C	2°C

A variação diurna da temperatura é muito elevada, indicando um deserto típico e um clima árido. A estação das chuvas estende-se tipicamente de Julho a Outubro.

Geomorfologia e tipos de solo

A região engloba três unidades geomórficas diferentes.

• A zona montanhosa na parte sudeste da região por colinas de Aravalli e cordilheiras que correm na direcção nordeste. As colinas são almo st infertile e encontramos muito pouca vegetação, excepto alguns arbustos como acácias e cactos.

• Esta área está cheia de ondulação, encontramos também algumas pequenas colinas isoladas e com declives íngremes na direcção sudoeste da região. As partes principais das colinas encontram-se na região de Khetri e a elevação situa-se entre os 300 e 450m do nível do Quaternário. É representado por depósitos de areia e colúvios de taludes e grutas em encostas de pique.

• A planície desértica está situada a uma altitude de 300m amsl que ocupa a parte norte da região e coberta com as dunas de areia e areia. A tendência geral da encosta das dunas de areia é no sentido sul-norte.

S. No	Soil Type	Description
1	Desert soil (Covers 2666 sq.km.area forming 44.97% of district)	Occurs extensively in the central part of the area covering parts of all the blocks except Surajgarh block. These are yellowish brown, sandy to sandy loam, loose, structure less, well drained with high permeability. They are scanty of vegetation due to severe wind erosion and wind velocity high.
2	Sand dunes (Covers 2149 sq.km. area forming 36.25% of district)	Present mostly in northern part of the district covering parts of Alsisar, Buhana, and Chirawa blocks.These are noncalcareous soils, sandy to loamy sand, loose, structureless and well drained. In favourable localities they cultivated.
3	Red desert soil (Covers 468 sq.km. area forming 7.90% of district)	Rests in parts of Jhunjhunu and Nawalgarh blocks. These are pale brown to reddish brown colour, structureless, loose and well drained having texture from sandy loam to sandy clay loam. Suitable for agriculture but suffers from adverse climatic conditions.
4	Lithosols and regisols of hills (Covers 329 sq.km.area forming 5.55% of district)	Found on Delhi hills and hill slopes between Khetri and Gudagaurji and south of Udaipurwati in parts of Khetri and Udaipurwati and Nawalgarh blocks. They are shallow with gravels very near the surface, light textured, fairly drained, reddish brown to grayish brown in colour. Cultivation is restricted because of limited root zone.
5	Older alluvium (Covers 316 sq.km.area forming 5.33% of district)	Found in southern most parts of the area in parts of Khetri, Udaipurwati and Nawalgarh blocks. They are derived from alluvium and are non-calcareous, semi-consolidated to unconsolidated brown soils, loamy sand to sandy loam in texture. Well drained and occupy gently sloping terrains.

Tabela: 2 Distribuição do solo perto da região de Khatri

Hidrogeologia

A principal formação de suporte de água da área de Khatri pertence ao supergrupo aluvião quaternário e Deli, que inclui o aquífero auxiliar pós-Delhi Forma intrusiva. Nesta área, os aquíferos são feitos de aluvião, que é geralmente feito de areia, argila, lodo e cascalho. Devido a este tipo de material de base, encontramos nesta região aquíferos bons e potenciais. A largura dos sedimentos aluviais aumenta continuamente de sul para norte (60m a 100m). Aqui encontramos aquíferos e águas subterrâneas em condições não confinadas a semi-confinadas sob porosidade primária. Nesta área, a profundidade geral do furo é de 100 a 135m, o que é muito bem explicado com a ajuda do diagrama da vedação. Mas agora uma condição de dias é diferente, muito menos quantidade de área de aquíferos apresenta a maioria dos aquíferos estão secos devido ao declínio do nível de água e atingiram até à rocha base e rochas duras.

No Delhi Super Group encontramos grandes rochas como quartzitos, gneisses, xisto, filito, calcário e alguma quantidade de granitos, pegmatites, anfibolitos, etc. Nesta região encontramos águas subterrâneas em condições não confinadas a semi-condições e vemos a porosidade secundária em profundidade. A água encontra-se em formação dura juntamente com as juntas, facturas e diferentes contactos rochosos. O movimento do fluxo de água é da região montanhosa a sudeste para o lado setentrional, enquanto é consideravelmente lento nas restantes partes cobertas por formações aluviais com gradiente suave.

O nível da água mostra o intervalo entre 16,45 a 73,29m e aumentando 76,00m durante as estações das monções. A amplitude da flutuação negativa varia de menos de 0,08 m a 4m. Flutuação positiva (variando de 0,57m a 1,53m) tinha sido observada em bolsas locais que caíam na região de Khetri. Os últimos 20 a 30 anos de estudo mostram os hidrografos negativos ou o calado de água subterrânea em regiões salinas. A maioria dos resultados negativos mostra-se na parte oriental da região.

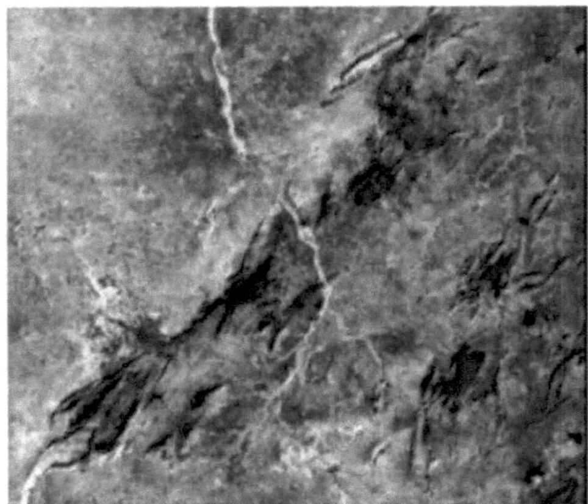

Figura: 1 Landsat TM de Khetri Cinto de cobre

<u>**Geologia Regional:**</u>

As rochas desta área pertencem ao Sistema de Deli da era Proterozóica.

GROUP	LITHOLOGY
Ajabgarh	Marble, Calc – gneiss amphibolites and amphibole quartzite Massive quartzites Schist rich in chlorite, biotite, garnet, staurolite, kyanite, sillimanite and andalusite. Phyllites, Carbonaceous phyllite, phyllitic quartzites
-------------Gradational contact -------------	
Alwar	Actinolite marble, amphibolite and amphibole quarzites, arkosic quarzites, quarzites and intercalated Schists and phyllites.
------------UNCONFORMITY ------------	

Tabela: 3 Sucessão estratigráfica do supergrupo de Deli As principais formações rochosas da região consistem em arenas metamorfosadas e sedimentos argilosos com faixas lenticulares calcárias intercaladas de espessura comparativamente menor e menor continuidade na greve e profundidade. Pertencem aos Grupos Alwar e Ajabgarh do Supergrupo Delhi.

A antiga formação (série Alwar) compreende predominantemente rochas arenosas com formações filíticas intercaladas relativamente menores. Enquanto a formação mais jovem (Série Ajabgarh) consiste principalmente em rochas argilosas tais como andaluzite com xistos, filitos, xistos moscovite biotite, xistos clorite, etc. intercalados com quartzitos maciços e mármores como membros subordinados. O contacto entre as duas formações é gradacional. Os sedimentos mostram camas actuais, marcas de ondulação, e camas graduadas.

A greve regional varia de NNE-SSW a NE-SW com o declive de cerca de 65° em direcção ao NW. As rochas do sistema de Deli tinham sido intrudidas por uma geração anterior de rochas básicas constituídas por dolerite metamorfoseada em epiderme e anfibolite; seguidas por intrusões ácidas de granitos, pegmatites e veias de quartzo que são sucedidas por diques primários mais jovens.

<u>**Geologia da mina de Khetri:**</u>

Os principais tipos de rochas da área podem dividir-se em metamorfismo sedimentar e rochas intrusivas da era pré-cambriana. O Metamorfismo inclui xistos moderadamente metamorfosados, quartzitos, mármores com silicato de calcário intercalado e anfibolitos. As formações rochosas dominantes na zona da Mina de Khetri são arenitos metamorfosados e sedimentos argilosos com bandas calcárias intercaladas. Estas rochas são intrudidas por rochas básicas mais jovens e intrusões ácidas de granito, pegmatite e veias de quartzo. A sucessão de unidades rochosas encontradas na área da mina de Khetri e em torno dela (de este/parede de pé a oeste/parede suspensa) é a seguinte

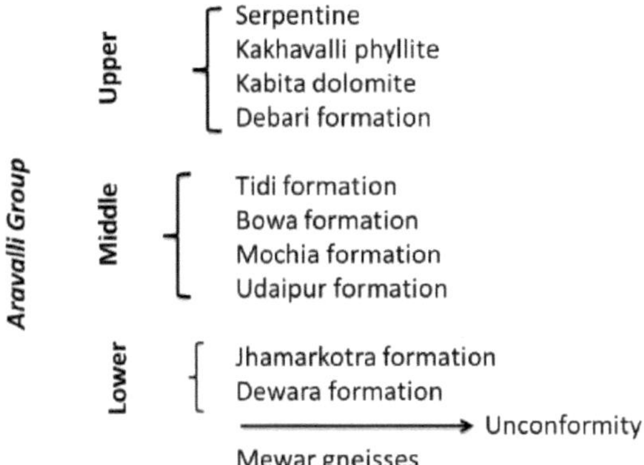

Tabela: 4 Sequência estratigráfica do grupo Aravalli

Quartzito anfibólio, quartzito de cloreto de granada/chisto, rocha rica em anfibólios e rochas magnetitas anfibólias são as rochas hospedeiras dos principais alojamentos/lentes principais. O quartzito feldspático representa o limite da parede do pé enquanto a filite marca o limite da parede suspensa da mineralização de cobre.

Tendência do cinto de cobre na área:

SUL CHANDMARI-- CHANDMARI-- CHANDMARI BLOCO DE INTERVEIO--- KOLIHAN--- KALA PAHAR--- BLOCO DE INTERVEIO--- KHETRI--- BANWAS--- SINGHANA-- MURADPURA---PACHERI

LatitudeDeparture
Khetri do Sul1900-2900
Central Khetri2900-3900
Khetri do Norte3900-4900
Banwas>   4900

<u>**MINA SUBTERRÂNEA AO NÍVEL DE 0 METROS:**</u>

- O complexo de cobre de Khetri compreende vários níveis subterrâneos a partir da superfície em que ocorre a mineralização e produção.
- Os diferentes níveis estão nos diferentes:
  SUPERFÍCIE

300 ML ________________

240 ML ________________

180 ML ________________

120 ML ________________

60 ML ________________

0 ML ________________

0 metro de nível:

-Dois poços estão presentes na mina:

- Eixo de serviço: Composto por convés duplo e pode transportar 44 pessoas em cada convés de uma só vez. Também transporta o equipamento utilizado sob a mina. Este poço liga o caminho da superfície a cada nível.
- Eixo de produção: Transporta todo o minério desde 0ML até à superfície.

-Do eixo existe um caminho chamado ED (Exploration drive) que é ligado com TD (Trough drive) por corte cruzado.

-Existem vários parabéns na TD ex. 2/11

-Cada estopa está presente a intervalos de 30m.

(STOPE: Escavação subterrânea feita para remover ou ganhar o minério)

-Subníveis:

- TSL(Sub-nível superior)
- BSL(Sub-nível inferior)

-Mineralização:-

Sericite,Quartzito (quartzo+biotita)

Granada, clorito, xisto biotítico

Contacto gradacional

Anfibol biotita

Quartzito feldspático

-As zonas de coração também estão presentes a este nível, que é coberto por vedações.

-Mineres de cobre:

- Bornite.
- Calcopyrite.

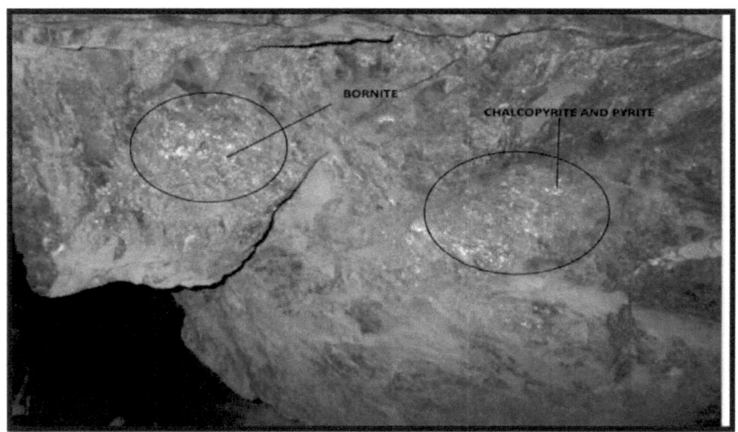

Figura: 2 Minérios diferentes de cobre a 0ML Bornite: É uma composição de cobre, ferro e sulfuretos.

A dureza da bornite é de 3 -3,5 e a cor vermelho-cobre a castanho-amarelado em superfícies frescas e rapidamente mancha ou muda para um roxo multicolorido, azul e vermelho. É um mineral de minério de cobre, e é conhecido pelo seu verniz iridescente. É famoso como Peacock Ore, que é vendido a coleccionadores de minerais amadores e turistas, é frequentemente rotulado como uma variedade de Bornite. No entanto, a maioria do minério de pavão na realidade é calcopirita tratado com ácido, que produz um verniz iridescente fortemente colorido. Encontramos bornite no tipo de rochas ígneas e metamórficas. Na veia do minério de cobre encontra como um mineral primário ou secundário. Principalmente em rochas hidrotermais metamórficas, em veias mesotérmicas, em depósitos de substituição hidrotermais, e em intrusões e diques ígneos.

Calcopyrite: É uma composição de cobre, ferro e sulfuretos. A dureza da calcopirita é de 3,5- 4 e a cor amarela de latão a amarelo dourado; por vezes castanho-escuro a preto. Tarnishes a um púrpura de várias cores, azul, e vermelho. A calcopirita tem uma cor amarelo-ouro, que muitas vezes se assemelha ao ouro puro. No entanto, as suas propriedades físicas como a estria e a tenacidade são muito diferentes do ouro amarelo e podemos facilmente diferenciá-lo. É um belo mineral, sendo os bons cristais bastante comuns e também facilmente disponíveis, sendo os espécimes de qualidade surpreendentemente acessíveis. É tratado com ácido para produzir um verniz iridescente. Embora algum Calcopirita seja naturalmente iridescente, as cores selvagens, tais como azul forte e púrpura são normalmente formadas a partir do tratamento ácido. Geralmente nas zonas de depósitos de sulfureto de cobre, em veias mesotérmicas, veias hipotérmicas e depósitos de substituição hidrotermais, xistos metamórficos, e em intrusões e diques ígneos. Embora possamos dizer que encontramos calcopirita em rochas ígneas, metamórficas e sedimentares.

-Métodos de perfuração utilizados em KCC:

- Furação RC(circulatória inversa)
- DTH(down to hole) perfuração
- Perfuração diamantada

-Padrão de perfuração é FAN SHAPED.

-Reserva total de minério= 55m

32m-Khetri=1,3 grau

23m-Banwas=1,72 grau

-Orepass de cada nível está ligado ao 0ML.

-Uma grande trituradora está presente a este nível.

CAPÍTULO 2

GEOLOGIA PERTO DE BYMEHRANGARH FORT, JODHPUR

Introdução:-

Jodhpur é a segunda maior cidade do estado indiano de Rajasthan. Foi anteriormente a sede de um estado principesco com o mesmo nome, a capital do reino conhecida como Marwar. Jodhpur está situada em SW de Jaipur e está bem ligada pelas Estradas do Estado. O principal caminho-de-ferro do Norte

Figura: 3 Sandstone and Rhyolite Mehrangarh Fort, Jodhpur, Rajasthan

A linha e o ramal ferroviário do Norte da Phalodi passam pela cidade de Jodhpur. Jodhpur também é acessível por via aérea. As coordenadas da cidade são 26,28°N 73,02°E.

Geomorfologia: -

Na parte superior da região encontramos geralmente a Rhyolite: A riolita é uma rocha vulcânica relativamente comum. É o equivalente químico do granito. Embora os dois tipos de rocha tenham a mesma química, a riolita é extrusiva e o granito é intrusivo. Enquanto que o granito tem cristais que são geralmente fáceis de ver, na riolita os cristais são frequentemente demasiado pequenos para serem vistos. Isto deve-se ao arrefecimento mais rápido da lava de riolite em comparação com o magma de arrefecimento mais lento do granito.

Em geral, quanto mais lento um magma arrefece, maior é o tamanho do cristal. Embora os cristais em rhyolite sejam geralmente difíceis de ver, eles estão lá, mas como cristais microscópicos muitas vezes rodeados por uma matriz vítrea. Se a lava não formar cristais e for essencialmente toda de vidro, então é mais correctamente chamada obsidiana.

Por vezes, alguns cristais podem crescer o suficiente para ver e depois a textura é chamada porfíria. A textura porfítica significa que existem cristais maiores rodeados por uma matriz de grão fino ou vítreo. Por vezes, existem grânulos arredondados de quartzo ou feldspato na matriz. Se a rocha contém numerosos buracos ou vesículas, então a rhyolite é chamada pedra-pomes.

A riolita é encontrada em arcos vulcânicos onde as rochas da crosta foram sub-dutos sob a crosta continental e derretidas num magma mais leve rico em sílica. A riolita contém mais de 70% de sílica ou SiO2. Este elevado teor de sílica confere à rocha a sua cor clara geral, baixa densidade e uma elevada viscosidade à lava. A viscosidade é uma medida da resistência ao escoamento de um líquido. Quanto maior for a viscosidade, mais lenta e mais "espessa" é a lava.

As lavas riolíticas são frequentemente mais explosivas e de movimento mais lento do que as menos viscosas lavas de basalto, como as que irrompem na ilha do Havai. Rhyolite é muitas vezes encontrada com bandas de fluxo "congeladas" na rocha. Isto empresta a utilizações como rochas decorativas e mesmo pedras ornamentais para jóias.

Hidrogeologia:-

Encontramos condições climáticas áridas em Jodhpur com baixa pluviosidade e temperaturas irregulares. 90% da precipitação que encontramos no mês de Julho e Agosto. Para o último grande decaimento, a precipitação média da área é de 373,7mm. Esta área é muito afectada pela seca frequente.

Jodhpur fica sob a região árida que cai no deserto de Thar, no Rajastão. Nesta zona encontramos colinas e colinas dispersas, dunas de areia, área aluvial que encontramos ao longo do sistema do rio Luni e dos seus afluentes. A parte oriental da região está cheia de ondulação que é interrompida por pequenas cristas. Vales aluviais e cheios de areia são desunidos pelos cumes, a elevação da crista do cume varia de 325 a 460 m amsl. A elevação da planície situa-se de norte 300m amsl a sul 150m amsl e a encosta fica a nordeste em direcção a sudoeste. Encontramos dunas do tipo transversal e longitudinal na área que se forma devido à acção eólica e sobrepõe-se às formações consolidadas desnudadas. As pontes são formadas por rochas duras como riolito, granito, xisto, calcário e algum arenito.

Geologia Regional:-

Quase 95% da área da bacia de captação imediata e indirecta é coberta por arenito e os restantes 5% por riolita. Faz parte de evaporações arenosas e fácies calcárias desenvolvidas como o extremo norte. Todo o cenário tem sido descrito como "vertente forelandar" da crescente cordilheira de Aravalli.

O Marwar Super Group (MSG) está melhor desenvolvido na bacia de Nagaur que se estende desde perto de Jodhpur no sul até ao Pokharan no sudoeste, enquanto que a nordeste segue a tendência Aravalli para Haryana & Punjab. Compreende essencialmente em sequência sedimentar marinha não fóssilífera.

Age	Supergroup	Group	Formation	Lithology
Permo-Carboniferous			Bap Boulder Bed	
--------------------------------------Unconformity------------------------------------				
Early Cambrian		Nagaur Group (75-500 m)	Tunklian Sandstone Formation	Brick red sandstone, silt stone and red clay stone
			Nagaur Sandstone Formation	Brick red sandstone, silt stone and red and green clay stone
			Pondlo Dolomite	Cherty Dolomitic Limestone
To	Marwar Supergroup	Bilara Group (100-300 m)	Formation	
			Gotan Limestone Formation	Limestone with bands of chert and dolomite, Interbedded dolomite and Limestone
late Neoproterozoic			Dhanapa Dolomite Formation	Stromatolitic limestone, Dolomitic Limestone with chert lenses
		Jodhpur Group (125-240 m)	Jodhpur Sandstone Formation or Girbhakar Sandstone Formation	Reddish gritty sandstone with maroon clay beds, Brick-red siltstone, shale
			Pokaran Boulder Bed Formation or Sonia Sandstone Formation	Conglomerate, Pebbles to Boulder of Malani granite, rhyolite in maroon silty/clay matrix.
---------------------------------------Unconformity-------------------------------------				
Malani Igneous Complex/ Aravalli Rocks				

Tabela: 5 Sequência estratigráfica do supergrupo Marwar

Sucessão estratigráfica do grupo Marwar Super, modificado depois de Pareek (1984, Das Gupta e Bulgauda (1994), Das Gupta (1996), Mazumdar e Bhattacharya (2004)

<u>**Rhyolites Malani :-**</u>

Malani Igneous Suite (MIS) , uma componente integral do deserto de Thar no Rajastão, estende-se na periferia do deserto, até uma área de 44.500 kms quadrados, cobrindo partes dos distritos de Pali, Sirohi, Jodhpur, Barmer, Jaisalmer, Jalore & Siwana do Rajastão ocidental. Em particular, uma exposição de rocha riolita numa colina de 120 metros de altura, originalmente chamada "Montanha das Aves", forma a base para a imposição do forte Mehrangarh em Jodhpur. Malani era o nome de um distrito no antigo estado de Marwar (Jodhpur) onde foram encontradas rochas vulcânicas &thus nomeadas como leitos de Malani (1877). Este nome sofreu várias alterações ao longo dos anos, conhecido como série vulcânica Malani (1902), Malani System (1933), Malani Granite & Volcanic Suite (1968). Finalmente, a sequência completa foi nomeada como Malani Igneous Suite. A suite ígnea marca a última fase da actividade ígnea da era pré-cambriana no subcontinente indiano. A singularidade das características geológicas em Jodhpur levou o Geological Survey of India (GSI) a declarar o local como um monumento Geológico Nacional.

Figura: 4 Rhyolite Malani Vesicular perto de Fort.

<u>**Observações de campo :-**</u>

Localização 1: Templo Bhairav (1500 metros para Norte da entrada principal do Forte Mehrangarh).

Figura: 5 Templo Bhairav (alugado em arenito de Sonia).

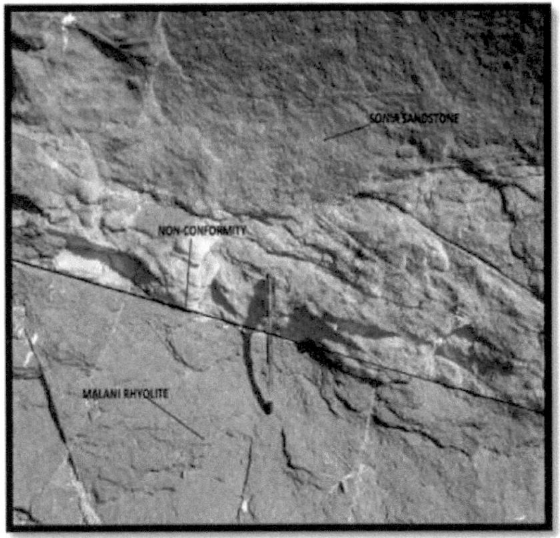

Figura: 6 Contacto entre Rhyolite & Sandstone perto do Templo Bhairav.

Formação: Suites MalaniIgneous, grupo Marwar Super.

Litologia: Ritólitos malanis e arenito de Sonia.

Os riolitos malanianos formam uma cave que é sobreposta pelo arenito de Sonia.

Existe não-conformidade entre a rhyolite malani e o arenito de Sonia.

Dados estruturais: Existe um forte contacto entre a riólita e o arenito, que é uma exposição muito boa de ígneas e sedimentares.

Laminações paralelas e cruzadas são claramente visíveis em grés.

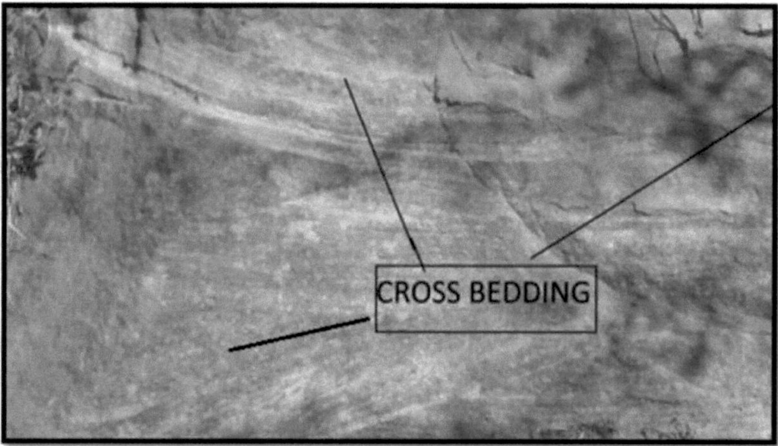

Figura: 7 Canteiros cruzados em grés, perto do Templo Bhairav

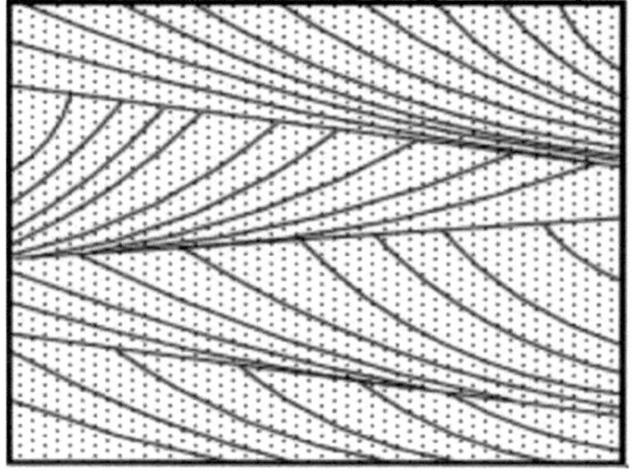

Figura: 8 Canteiros cruzados em arenito, perto do Templo Bhairav e ali representação 2d

Localização 2: Forte Mehrangarh

Formação: Malani Igneous Suite, Marwar Super group.

Uma exposição a rocha riolita numa colina de 120 metros de altura, originalmente chamada "Montanha das Aves", forma a base para a imponente

Forte Mehrangarh em Jodhpur

Litologia: Rhyolites (no porão do forte) & o arenito Sonia fica logo abaixo do forte.

Dados estruturais: As juntas colunares ou verticais estão aqui bem expostas.

A inclinação das camas é muito íngreme e varia de lugar para lugar

Figura: 9 Juntas colunares em riolita perto de Fort

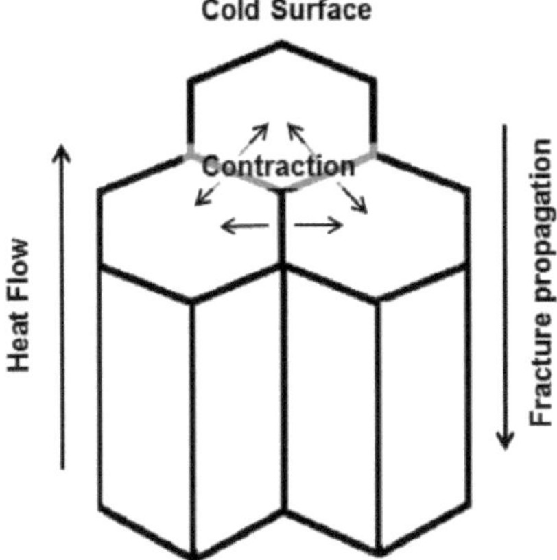

Figura: 10 Juntas colunares em riolita perto de Fort e ali representação em diagrama 2d

Figura: 11 Dois conjuntos de juntas em rhyolite perto de Fort.

Exposição: Há uma exposição muito boa de rhyolite malani (ígneo) & arenito Sonia (sedimentar). A cor do arenito muda do amarelo camelo para o acastanhado e a cor da riolita é rosada.

CAPÍTULO 3

NAKORA E ÁREAS CIRCUNDANTES

Introdução:-

O templo Nakora Parsva Jain (aproximadamente 1000 anos de idade) tornou esta aldeia popular e famosa pelo nome de Nakora. É um lugar sagrado dos Jainistas. Nakoraji fica a **15 km SW** do distrito de Balotra, Rajastão ocidental. A área é inteiramente composta por **Rochas Ígneas,** principalmente da era **Neoproterozóica.** As rochas de Nakoraji pertencem a **MALANI IGNEOUS SUITE** (MIS), Rajastão Ocidental. MIS representa o maior magnetismo félico da Índia e cobre uma área de aproximadamente **55.000 km quadrados** no **Bloco TransAravalli** (TAB) do norte da Índia peninsular. As rochas do MIS são principalmente de **vocano-plutónico félico** com menos quantidade de lítonos mafiosos.

- Sobre a Localização :-

☐ Estação ferroviária mais próxima: -Balotra 13 km.

☐ O aeroporto mais próximo: - Jodhpur 110 km.

Figura: 12 Vista panorâmica do Nakora Ji

Geomorfologia:-

Nakora é uma parte do Grande Deserto Indiano, há algum expositor de colinas de Aravalli e vasto tracto arenoso. Aqui encontramos alguns lagos salgados que se enchem durante a chuva das monções. Encontramos água juntamente com o rio Luni, o resto da parte é extremamente seca. No ano de seca não há escorrimento. Os solos do distrito são classificados da seguinte forma:

S.No.	Major Soil Type	Description
1.	Desert soil	Desert soil area is occupied by alluvium and windblown sand, yellowish brown, sandy to sandy loam, loose, structure less, well drained with high permeability and lies in northern, western and central parts of the region.
2.	Sand dunes	These are non-calcareous soil, sandy to loamy sand, loose, structure less and well drained. Sand dunes lie in northern, western and central parts of the area.
3.	Red desertic soil	These are pale brown to reddish brown soils, structure less, loose, and well drained. Texture varies from sandy loam to sandy clay loam. These soils occupy eastern and southeastern parts of the constituency.
4.	Saline soil of depressions	Saline soil is found in an around the salt lakes. Colours of the soil is dark grey to pale brown, heavy soils with water table very near to the surface and are distinctly saline.
5.	Lithosols & Regosols of hills	Lithosols & Regosols soil is found in isolated hills as lithoslopes. These soils are shallow with gravels very near to the surface, high textured, fairly drained, reddish brown in colour and lie in southeastern part of the locality.

Tabela: 6 Descrições do solo em Nakora Ji e arredores

<u>Hidrogeologia:</u>

A formação de suporte de água do Nakora e arredores é de riolito, granito, arenito do grupo de Deli e aluvião, arenito do período quaternário. Encontramos água subterrânea em condições semi confinadas a condições não confinadas. Em Mesozóico e semi-solidário, as águas subterrâneas em formação terciária ocorrem em condições não confinadas e em zonas desgastadas e fracturadas em rochas duras em condições freáticas. Nas bases da descrição acima, vemos águas subterrâneas encontradas em toda a formação.

No arenito Barmer, arenito Lathi e sedimentos do período Quaternário encontramos um bom número de aquíferos. Ao longo da zona fracturada e desgastada, a possibilidade de água subterrânea está a aumentar.

Formações consolidadas:

As formações consolidadas contêm intrusivos de rhyolite Malani, granito, granitos Jalore & Siwana do grupo Delhi. Geralmente encontramos água subterrânea debaixo do lençol freático perto da zona fracturada e desgastada. Os aquíferos estão em muito mau estado à profundidade de 100m.

 Os riolitos são geralmente impermeáveis e só quando estão desgastados e com a facção é que encontramos formação de rolamento de água juntamente com eles. Os riolitos têm porosidade secundária e mostram que a capacidade de produção de água das unidades rochosas diminui com a profundidade.

Formações semi-solidadas:

Formações semi consolidadas em torno de rochas do Terciário e compreendem camadas alternadas de argila e xisto. O arenito Lathi é formado o aquífero potencial máximo da área e constituído por arenito de granulação média a grosseira. Na formação de Lathi a água subterrânea ocorre em condições de confinamento.

Formações não consolidadas:

A formação não consolidada inclui o aluvião quaternário que é mais extenso, forma o aquífero potencial e cobre toda a parte sul e a porção do extremo oeste da região. A água subterrânea ocorre sob o estado do lençol freático até ao estado semi-confinado. A condição do lençol freático empoleirado ocorre a pouca profundidade em leitos de argila e kankars que prendem a água da chuva da precipitação local.

Ambiente geológico:

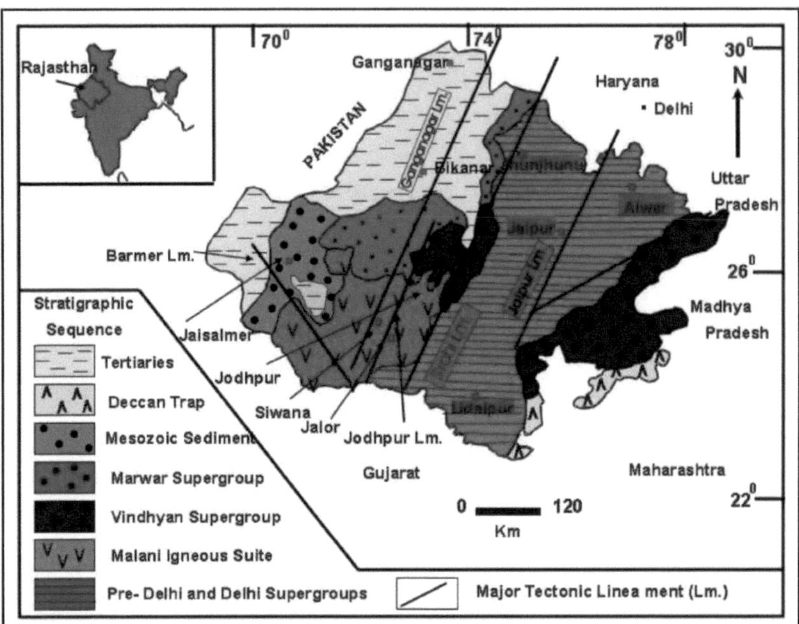

Figura: 13 Mapa geológico do estado do Rajastão *(Modificado após Pareek, 1981)* O mapa geológico do estado do Rajastão, Índia, acima mencionado, mostra as importantes características geológicas do estado do Rajastão e também mostra a sua respectiva sequência estratigráfica com a ajuda de diferentes cores e símbolos. A área de Nakora em Barmer é realçada a azul sob a *Suite Ígnea Malani* e a área situa-se entre o lineamento de Ganganagar (lado leste) e o lineamento de Barmer (lado oeste).

> A área de Nakora é constituída por um n.º de colinas, como escrito abaixo:

monte Mewanagar, monte Dadavari, monte Milara, monte Variya, monte Maini, monte Sewadia, monte Pabre, monte Tikhi

Nakora RingComplex:

- As rochas expostas na zona de Nakora compreendem granito, riólito, trachyte, basalto, gabbro e dolerite.

- As rochas expostas na área do complexo de anéis de Nakora (NRC) categorizadas como

i. Fase extrusiva (basalto, trachyte, rhyolite, assemblages piroclásticas),

ii. Fase intrusiva (gabbro, granito) e

iii. Fase de dique (dolerite, rhyolite, microgranite).

- Os diferentes fluxos vulcânicos, respiradouros vulcânicos e estruturas vulcânicas primárias são características do NRC.

- 44 fluxos vulcânicos são identificados com base em observações geológicas, a saber, identificação da cor, forma e estrutura das rochas, minerais, conjuntos vulcânicos e piroclastos, etc.

Observações de campo: Parte-1

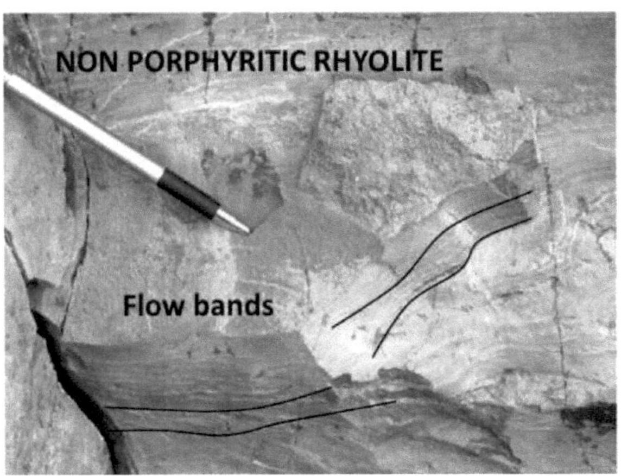

Figura: 14 Fotografia de bandas de fluxo na rocha riolita não porfítica

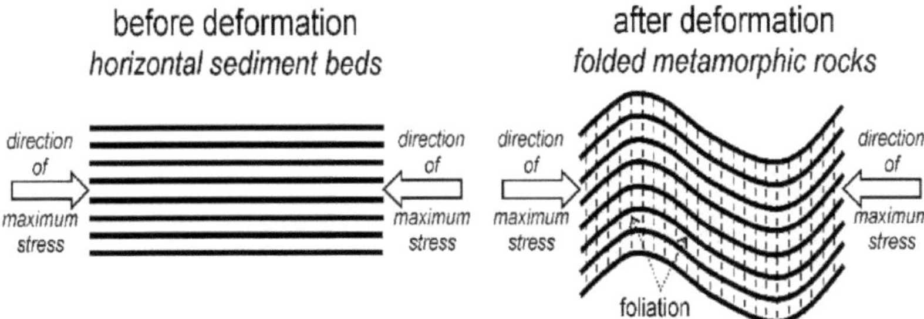

Figura: 15 Mecanismo de formação da banda e direcção da pressão.

Figura: 16 Intrusões de Xenólito de Basalto existem na rocha Rhyolite.

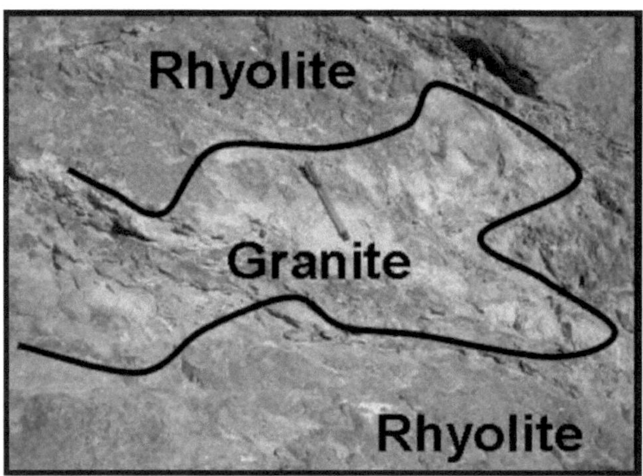

Figura: 17 Rocha de granito é coberta por rocha vulcânica de cor escura Rhyolite.

- Predominantemente riolitos são expostos.
- As bandas de fluxo são observadas em riolita não-porfírica que mostra a ausência de perturbação tectónica durante o vulcanismo.
- Os granitos são intrudidos na riolita e, portanto, o magmatismo é de natureza sub-vulcânica.
- O basalto flui com os fluxos ácidos e os xenólitos do basalto são observados na riolita. O basalto xenolítico é mais antigo do que o fluxo de riolita.

Figura: 18 Cavernas vulcânicas e expositor de juntas na superfície.

Grutas vulcânicas de vários tipos e tamanhos ocorrem onde as rochas vulcânicas são expostas na superfície da terra. Estas grutas são formadas pela lava fluente ou pelos efeitos dos gases vulcânicos e não pela dissolução do leito rochoso. As cavernas vulcânicas são facilmente destruídas pelos processos erosivos, porque estas cavernas vulcânicas estão muito próximas da superfície da terra. À medida que um fluxo de lava esfria e cristaliza numa rocha coerente, começa a contrair-se. A retracção do maciço rochoso resulta no desenvolvimento de numerosas fissuras, chamadas juntas. Os fluxos de lava mostram uma variedade de padrões de junção no campo.

Figura: 19 Boca de ventilação vulcânica na superfície.

Os respiradouros vulcânicos são famosos como as aberturas na crosta terrestre através das quais a lava e os

27

fluxos piroclásticos são ejectados. As suas formas determinam os variados tipos de erupções que lhes deram forma. As aberturas vulcânicas têm origem na câmara de magma - uma piscina subterrânea de magma por baixo da superfície da Terra. A rocha liquefeita na câmara de magma está sujeita a uma grande pressão crescente, e com o passar do tempo, fracturando a crosta terrestre, criando um respiradouro vulcânico.

Figura: 20 observações de campo dos diques Dolerite

As rochas ácidas são cortadas por numerosas rochas de diques de várias composições e têm tendência para a direcção NE-SW.

- Várias estruturas primárias associadas a fluxos vulcânicos, a saber

Fluxos vulcânicos,

Cavernas& juntas,

Ventilação vulcânica,

Vesicles& amygdales

Ventilação:

- Ventilação vulcânica (35 - 40 metros de largura e forma semicircular a alongada) situada no topo da colina.

- Também é relatado um respiradouro vulcânico no topo da colina Maini do NRC

- Na área de ventilação vulcânica (colinas Maini), de cima para baixo da colina de ventilação, o tamanho e número de vesículas aumenta com a altura indicando a presença de área de fonte vulcânica.

A densidade geológica também aumenta da mesma forma. As veias e os fluxos são orientados para a área de origem.

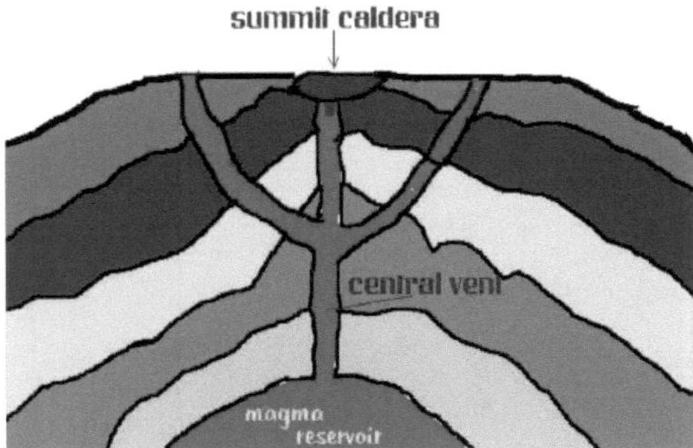

Figura: 21 Diagrama de respiradouro vulcânico

Figura: 22 Vista panorâmica do Vent e do Templo Nakora

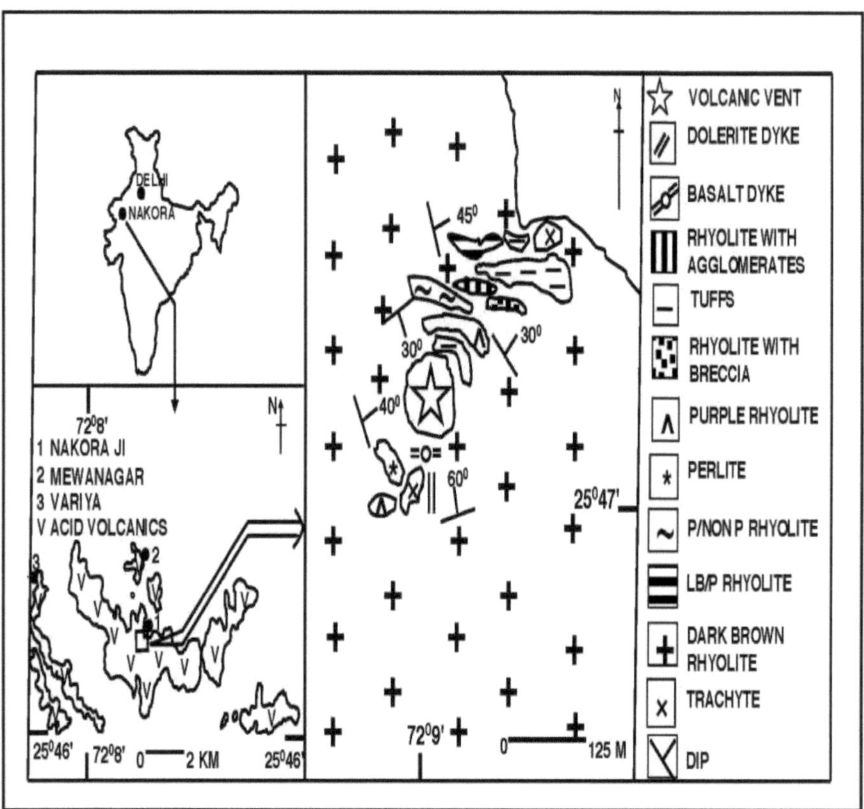

Figura: 23 Mapa Geologicsketch da colina de Ventilação Vulcânica do Complexo do Anel Nakora (NRC)(REF):

- Vallinayagam, G e Kumar, N. 2008)

P/Não P Rhyolite= Porfirizante/Não Porfirizante Rhyolite

LB/P Rhyolite= Castanho Claro/Rhyolite Porfirítica

Luni Rift (retorno do rio):

- A fenda luni na área é um importante lineamento tectónico que está relacionado com um grande deslocamento de crosta do tipo de fenda continental.

- No NRC, o LuniRiver leva de repente a 'U' TURN de Oeste para Sul na direcção da fenda Luni.

- Sugere que a fenda Luni serviu de canal para o magma subir à superfície em Nakora, o que indica que a abertura vulcânica de Nakora é talvez uma dinâmica de fenda relacionada e defende uma relação entre o tectonismo e o vulcanismo.

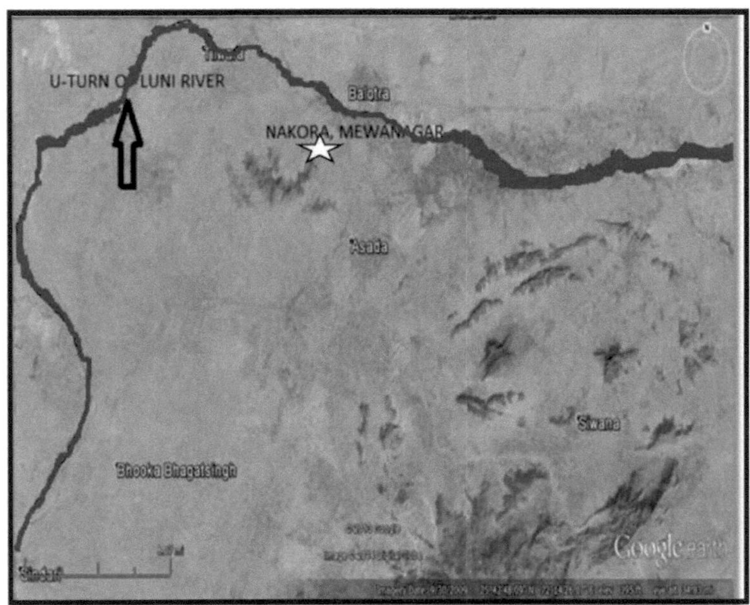

Figura: 24 Imagem de satélite do rio Luni U-turn

Meteorologia esferoidal:

- A estrutura/estrutura esferoidal foi observada nas rochas vulcânicas félsicas no flanco da colina de Sewadiya, na área de Nakora.

- Estas rochas vulcânicas geladas são constituídas por riolita (com vários tons, principalmente castanho escuro e também castanho claro) e tufo (principalmente amarelo também verde).

- Assim, as rochas riolíticas esferoidais são afloradas na área de ter dimensões de cerca de 200 m² de raio e estão associadas a dunas de areia.

- As estruturas esferoidais ocorrem principalmente em formas circulares/semi-circulares. As conchas consistem em camadas de cor clara e escura.

- cor clara :- quartzo fino granulado, feldspato alcalino

- Cor escura: -Hematite e Magnetite.

Figura: 25 Tempo esferoidal em rocha riolita (flanco nordeste da colina de Sewadiya da região de Nakora, District Barmer, Rajasthan).

Figura: 26 Tempo esferoidal em rocha riolita (flanco nordeste da colina de Sewadiya da região de Nakora, District Barmer, Rajasthan).

ASOTRA:

INTRODUÇÃO:

Asotra é o local do segundo **BrahmaTemple construído** pelo **falecido Brahmarshi Sant Khetaramji Maharaj.**

LOCALIZAÇÃO:

A aldeia Asotra está localizada no distrito de Barmer de Balotra, que fica a uma distância de 10 km.

Pachpadra fica a 17 km a norte, Umarlai fica a 17 km a nordeste e Meli fica a 18 km a leste.

A estação ferroviária mais próxima: BALOTRA

O aeroporto mais próximo: JODHPUR

<u>ESTRUTURAS OBSERVADAS:</u>

> Basaltic Dyke
> Veia de quartzo em Rhyolite
> Bloco exótico

CAPÍTULO 4

CONCLUSÕES

A viagem de campo geológico de Khetri, Jodhpur, Nakora e áreas circundantes foi para nós uma experiência de aprendizagem. Esta viagem deu-nos a oportunidade de desenvolver a compreensão da geologia de Khetri, Jodhpur, Nakora e áreas circundantes.

- Em Khetri visitámos a HINDUSTAN COPPER MINE sob a orientação do Sr. B.R Patra Geologist in HCL.
- Visita subterrânea da mina de cobre.
- Identificou os diferentes minérios de cobre ex: - Calcopirita, boronite.
- Em Jodhpur visitámos áreas em redor do forte Mehrangarh.
- Identificou o contacto entre a riolita Malani e o arenito Sonia em Mehrangarh.
- Juntas colunares observadas em riolitos.
- Em Nakora, os episódios vulcânicos foram iniciados com pequenos fluxos básicos desenvolvidos mais tarde como rhyolite volumosa, compreendendo todos os 44 fluxos.
- Os diferentes fluxos vulcânicos, respiradouros vulcânicos e estruturas vulcânicas primárias são características do NRC.
- Xenolitos de basaltos estão presentes em riolitos e outras rochas que nos contam a história vulcânica desta área.
- A súbita viragem em U do rio Luni de Oeste para Sul está relacionada com grandes deslocamentos da crosta do tipo fenda continental.
- A meteorologia esferoidal também é observada nesta área e é uma característica muito proeminente aqui.

Agradecimento ao Autor agradece ao Consultor Shri. J. C. Kala , antigo Director Geral, Forest e Secretário do Governo da Índia e actualmente Conselheiro do Amity Institute of Global Warming and Ecological Studies por dar permissão para realizar este trabalho. Expressamos também os nossos sinceros agradecimentos ao Late. Dr. G. Vallinayagam, Dr. A. R. Chaudhary e Prof. N.N.Dogra, Departamento de Geologia, Universidade de Kurukshetra, Haryana por terem providenciado as instalações necessárias para a realização deste trabalho.

REFERÊNCIAS :-

1. Bailey, D.K., Continental drifting e magmatismo alcalino. In: T.S. Sorensan (Ed.), rochas alcalinas. John Wiley and Sons, 1974, pp.148-159.

2. Crawford, A.R.,Can . J.Earth Sci..(1970), 491.

3. Gopalan, K. e, Choudhary, A.K., The crust record in rajasthan, proc. Indian acad.sci.(Earth Planet sci.), Vol93, No3, (1984), pp 337-342.

4. Baskar, R., 1992. Petrologia e geoquímica dos granitos alcalinos e dos vulcânicos ácidos associados à volta de GoliyaBhalyan, distrito de Barmer, W. Rajasthan, Índia. Tese de doutoramento não publicada, Universidade de Punjab, Chandigarh, 153 páginas.

5. Kochhar, N., fato ígneo malani; depósitos de cobre porfirado e estanho do complexo de anéis de Tusham, norte da Índia Peninsular, Geologicky zbornik-Geological Carpathica, v.36, pp. 245-255.

6. Bhushan, S.K., 195. Vulcanismo malani no Rajastão Ocidental. Indian Journal of Earth Sciences 12, 58-71.

7. Dhar, S., Frel, R., Kramer, S.J.D., Nagler, T.F., Kochhar, N., 996. Estudos dos isótopos Sr, Pb e Nd e sua relação com a petrogénese dos complexos Jalor e Siwana, Rajasthan, Índia. Journal of Geological Society of India 8, 151-160.

8. D.K. Pandey e TejBahadur. A Review of the stratigraphy of MarwarSupergroup of Westcentral Rajasthan. Journal Geological Society of India Vol.73, Junho de 2009, pp. 747-758.

9. Eby, G.N., Kochhar, N., 1990. Geoquímica e petrogénese da Suite Ígnea Malani, Índia Peninsular do Norte. Journal of Geological Society of India 36, 109-130.

10. Kochhar, N., 1984. Malani Igneous Suite: Magmatismo do ponto quente e cratonização da parte norte do escudo Ígneo. Journal of Geological Society of India 25, 155-161.

11. Vallinayagam, G. e Kumar, N., respiradouro vulcânico no Complexo do Anel de Nakora de suite ígnea Malani, Noroeste da Índia. J. Geol. Soc. Índia, 2007, 70, 881-883.

12. Vallinayagam, G. e Kumar, N., First Report of Spheroidal Rhyolite from Nakora area of Malani Igneous Suite, Northwestern Peninsular India. Revista electrónica de acesso livre Earth Science India, 2010, Vol. 3 (II), 97-104.

13. Vallinayagam, G. e Kumar, N., Estratigrafia de fluxo do Complexo do Anel Nakora de suite ígnea Malani, Rajasthan, NW Índia Peninsular. J. Geol. Surv. Índia, 2008, 91, 127-135.

14. Singh, V. Contribuições sobre geologia, hidrogeologia e aspectos aliados da envolvente Saharanpur, Uttar Pradesh, Índia, A Review. Conservation of Environment for Human Health.(2012) pp.134-143.

15. Singh, V., Revisão da aplicação de dados de detecção remota por satélite para cartografia, monitorização & avaliação de características Geológicas & Geográficas. Simpósio Nacional sobre Sensoriamento Remoto e SIG para o ambiente com especial ênfase na dinâmica marinha e costeira.ISG & ISRS, Visakhapatnam. (2013) p - 140

16. Singh, V., Characterization of geology of alluvial terrain of Saharanpur area, Western Uttar Pradesh, India. Conferência internacional sobre ciência e tecnologia polar. Nova Deli. (2009), Vol.1, pp 25-28

17. Torsvik, T. H., Carter, L. M., Ashwal, L. D., Bhushan, S. K., Pandit, M. K. e Jamtveit, B., 2001, Rodinia refinada ou obscurecida: Paleomagnetismo da Suite Ígnea Malani (NW Índia); Investigação Pré-Cambriana, 108, 319-333.

18. Misra, P. C., Singh, N. P., Sharma, D. C., Kakroo, A. K., Upadhyay, H. e Saini, M. L., 1993, Lithostratigraphy of Indian Petroliferous Basins, Document II West Rajasthan Basins, KDMIPE, ONGC Publication, 1-123.

19. Ray, S. K. 1987. Ocorrências de albitites e minerais de minério associados na cintura de cobre de Khetri, nordeste do Rajastão. Rec. Geol. Surv. Índia, 113(7):41-49.

20. Naidu, B.N., V. Kothari, N.J. Whiteley, J. Guttormsen1, e S.D. Burley, 2012, Calibrated basin modelling to understand hydrocarbon distribution in Barmer Basin, India: Search and Discovery Article 10448 (2012).

21. Roy, A.B.et al, Stratigraphy of the Aravalli Supergroup in the type area (India), (1988).

8. M. Ramakrishnan e R. Vaidyanathan, "Geology of India", Geological Society of India, Bangalore, Vol. 1, (2008), pp. 232 -233.

9. Davies, R.G. e Crawford, A.R., Petrografia e idade das rochas de Buland Hills, Distritos de Sargodha Oeste do Paquistão,Geol. Mag., 108: 3: (1971) 235-246.

Printed by Books on Demand GmbH, Norderstedt / Germany